图说
壮美极地

傅 刚　杨立敏　主编

中国海洋大学出版社
·青岛·

图书在版编目（CIP）数据

图说壮美极地 / 傅刚，杨立敏主编. —青岛：中国海洋大学出版社，2021.1（2024.4重印）

（图说海洋科普丛书：青少版 / 吴德星主编）

ISBN 978-7-5670-2760-2

Ⅰ.①图… Ⅱ.①傅…②杨… Ⅲ.①极地—青少年读物 Ⅳ.①P941.6-49

中国版本图书馆CIP数据核字(2021)第005783号

图 说 壮 美 极 地
TUSHUO ZHUANGMEI JIDI

出版发行	中国海洋大学出版社
社　　址	青岛市香港东路23号　　邮政编码　266071
出 版 人	杨立敏
网　　址	http://pub.ouc.edu.cn
订购电话	0532-82032573（传真）
责任编辑	王　晓
照　　排	青岛光合时代文化传媒有限公司
印　　制	青岛海蓝印刷有限责任公司
版　　次	2021年3月第1版
印　　次	2024年4月第2次印刷
成品尺寸	185 mm × 225 mm
印　　张	5.75
印　　数	5001~8000
字　　数	94千
定　　价	26.00元

如发现印装质量问题，请致电13335059885，由印刷厂负责调换。

图说海洋科普丛书　青少版

主编　吴德星

编委会

主　任　吴德星
副主任　李华军
　　　　　杨立敏
委　员（按姓氏笔画为序）
　　　　刘　康　刘文菁　李夕聪　李凤岐　李学伦　李建筑
　　　　赵广涛　徐永成　韩玉堂　傅　刚　魏建功

总策划　李华军

执行策划
杨立敏　李建筑　魏建功　韩玉堂　张　华　徐永成

启迪海洋兴趣　扬帆蓝色梦想

　　是谁，在轻轻翻卷浪云？

　　是谁，在声声吹响螺号？

　　是谁，用指尖舞蹈，跳起了"走进海洋"的圆舞曲？

　　是海洋，也是所有爱海洋的人。

　　走进蓝色大门，你的小脑袋瓜里一定装着不少稀奇古怪的问题——"抹香鲸比飞机还大吗？""为什么海是蓝色的？""深潜器是一种大鱼吗？""大堡礁里除了住着小丑鱼尼莫，还住着谁？""北极熊为什么不能去南极企鹅那里做客？"

　　海洋爱着孩子，爱着装了一麻袋问号的你，她恨不得把自己的

　　一切告诉你，满足你的好奇心和求知欲。这次，你可以在本丛书斑斓的图片间、生动的文字里寻找海洋的影子。掀开浪云，千奇百怪的海洋生物在"嬉笑打闹"；捡起海螺，投向海洋，把你说给"海螺耳朵"的秘密送给海流。走，我们乘着"蛟龙"号去见见深海精灵；来，我们去马尔代夫住住令人向往的水上屋。哦，差点忘了用冰雪当毯子的南、北极，那里属于不怕冷的勇士。

　　海洋就是母亲，是伙伴，是乐园，就是画，就是歌，就是梦……

　　你爱上海洋了吗？

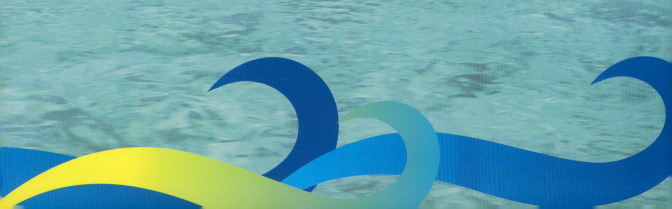

Foreword 前言

当你打开这本小书,图画和文字一起"画出"的一艘轮船出现在你眼前,这就是"极地"号。

"轰隆隆……"听!"极地"号要起航了,它将向神秘的极地驶去。勇敢的你,快快跳上甲板,让我们一起去畅游极地吧!

极地"秘密"说不完——五彩缤纷又会"跳舞"的极光,总也"过不完"的极昼和极夜,滴水成冰的气温,能卷走一切的暴风雪,危险的冰缝……

极地"杰作"了不起——厚重的冰盖,高大的冰山,挤满海面的海冰。在一片白色中,北极苔原带像极了彩色的涂鸦……

极地"居民"真神奇——彬彬有礼的"绅士"、凶残可怕的"海盗"、贼头贼脑的"飞贼"、威风的"霸主"、温驯可靠的"车夫"……

"轰隆隆……"坚固的"极地"号冲破海冰,带我们驶入极地。极地风光越来越迷人,而你打开这本小书的动作也越来越熟练,"哗啦啦……"在欣赏极地风景、探寻极地奥秘时,相信,一颗种子已经在你的心田悄悄发芽:保护神奇的极地,关爱美丽的地球!

Contents 目录

到极地去 / 01

极地地盘 / 02
神秘的极圈 / 02
难找的极点 / 05

极地"性格" / 09
寒——好低的极地气温 / 09
险——好可怕的暴风雪和冰缝 / 10
奇——好长的极昼和极夜 / 12
美——好漂亮的极光 / 14

拜访南极 / 15

南极的模样 / 16
白白的冰雪 / 16
不"绿"的"绿洲" / 24

南极的"主人" / 28
南极"绅士"——帝企鹅 / 29
南极"海盗"——豹海豹 / 33
南极"飞贼"——贼鸥 / 36
南极"粮食"——磷虾 / 38

看，南极科考！ / 41
好大的科考船 / 41
"雪国"里的考察站 / 42

走，到南极旅游去！ / 46

做客北极 / 47

北极的容貌 / 48
白色的海洋 / 48
银色的岛屿 / 50
彩色的苔原 / 52

北极的"居民" / 54
北极"霸主"——北极熊 / 55
北极"飞侠"——燕鸥 / 59
北极"勇士"——旅鼠 / 61
北极"精灵"——北极狐 / 63
北极"车夫"——驯鹿 / 65
北极"牙仙"——海象 / 67

值得尊敬的因纽特人 / 69
穿什么样的衣服？ / 69
住什么样的房子？ / 70
想要出门怎么办？ / 71
吃什么活下来？ / 72

北极科考知多少 / 73
科考基地连成片 / 73
科考设备真奇怪 / 74
科学家真忙活 / 75

想到北极看一看 / 76
热闹的北极 / 76
热闹的北极 / 76
闪亮的城市 / 78
零散的小风景 / 79

到极地去

在地球的南、北两端，各有一个神秘的"冰雪王国"——南极和北极。到极地去，去探索吧！

图说 壮美极地

极地地盘

神秘的极圈

你或许非常喜欢孙悟空用金箍棒画出的神奇圆圈吧。在我们美丽的地球上,也有两个神奇的"圆圈",走,让我们瞧瞧去!

北极

南极

走进极圈

北极圈里很早就有人类的身影了,8个国家的领土伸入北极圈,这里拥有许多美丽的城镇。

可爱的企鹅是南极圈最古老的"居民"。

图说 壮美极地

极圈里的秘密

极光

幻日

海豹

极圈的邀请

除了上面这些,极圈还有好多"宝贝"没有展示。快到极圈的"地盘"上来吧,极圈有好多秘密要和你分享。

难找的极点

在地球仪上,找到地轴和地球外表相交的地方,你将会在地球的南、北两端各发现一个点,这就是南极点和北极点。你找到了吗?

极点探秘

在地球仪上找到极点一点儿也不难,想寻找真实的极点却困难多多,有冰雪挡路,还会有许多你想不到的危险忽然"跳"出来。

到极地去

第一个到达北极点的人——美国探险家罗伯特·埃德温·皮尔里（1909 年）

第一个踏上南极点的人——挪威探险家罗尔德·阿蒙森（1911 年）

极点有话说

怎么样，怕了吧！想要找到极点可不是那么容易的。不过呀，还是有勇敢的人找到了极点。他们是了不起的英雄！

极点的小秘密

只有一个方向

走在马路上,你是不是会为分不清东西南北而发愁呢?站在极点上,你完全不用担心方向,因为站在南极点上你只会朝向北方,站在北极点上你只会朝向南方。

覆盖在极点上的冰雪一点儿也不"老实",南极点上的冰雪每年要移动10米左右。

极地"性格"

寒——好低的极地气温

钢铁会被冻得很脆,水落地时会变成碎冰片。这么低的温度哪里找?当然是在极地啦!

感受极地气温

极地真是地球的"大冰箱",生活在这么冷的地方是什么感觉呢?

极地有多冷,从北极马拉松比赛的参赛者脸上,感受一下零下三十多度的气温吧。

险——好可怕的暴风雪和冰缝

暴风雪的威力

"呼呼呼……"暴风雪来啦!狂风一边吼叫,一边卷起冰雪沙石"轰隆隆"滚动,天地乱成一团,什么也看不清了。极地暴风雪真像一头可怕的怪兽。

1960年10月,日本昭和科学考察站的福岛博士走出站外喂狗。

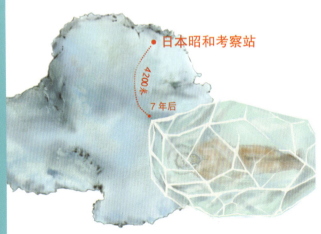

7年后,人们在距站点4 200米远的地方发现了福岛博士完好无损的遗体。

突然,一阵暴风雪袭来,福岛博士被卷走了。

到极地去

不起眼的小小冰缝可能深达几百米。

冰缝陷阱

冰雪像一块白白厚厚的毯子,这块看似安全的"毯子"下藏着许多可怕的陷阱——冰缝。走着走着,一不小心,就会掉进冰缝的"嘴巴"。

"隐形杀手"

"雪盆大口"

11

图说 壮美极地

太阳总也不会降落的白天——极昼

奇——好长的极昼和极夜

什么是极昼和极夜

你能想象这样的情景吗？一天 24 小时全是白天，或者全是黑夜。也许这有些不可思议，但在极地，这是再平常不过的事情。

太阳迟迟不肯升起的黑夜——极夜

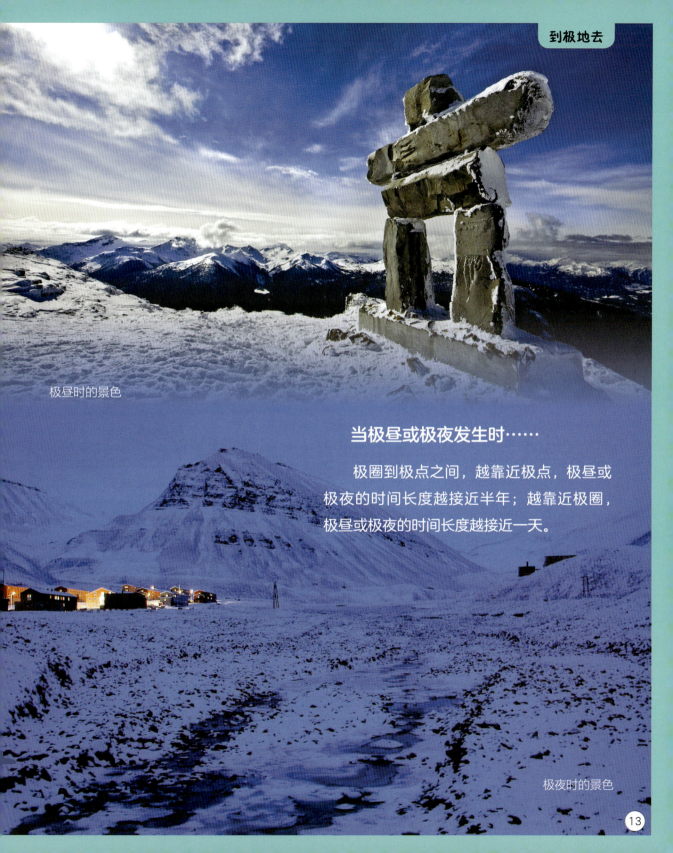

到极地去

极昼时的景色

当极昼或极夜发生时……

极圈到极点之间,越靠近极点,极昼或极夜的时间长度越接近半年;越靠近极圈,极昼或极夜的时间长度越接近一天。

极夜时的景色

美——好漂亮的极光

极光在"跳舞"

极夜降临了,美丽的极光好像会跳舞的彩虹,在极地的夜幕下轻轻跳动。多彩的光芒照亮了洁白的冰雪,极地像极了童话王国。

极光最爱极地

极光最爱在极地"跳舞",不是极光"偏心",而是极地"吸引力"大。地球是一个大磁铁,极地的磁性最强,太阳带电粒子就被吸引到极地的"怀抱"了。

极光从哪儿来

从前,有人说极光是北极狐的皮毛在发光,有人说极光是战神的盾牌在闪耀。事实上,极光是太阳带电粒子与南、北极高空大气分子碰撞出的灿烂光芒。

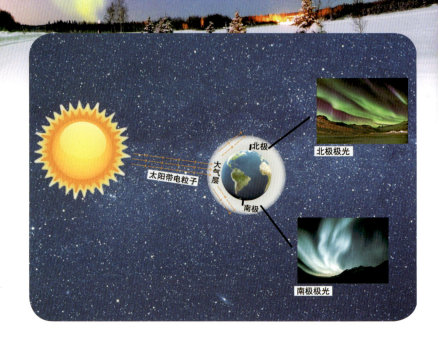
北极极光
南极极光

拜访南极

　　洁白的冰雪是它永恒的"皮肤",成群的企鹅在冰雪上自由追逐。还等什么,快快和我一起去拜访南极吧!

图说 壮美极地

南极的模样

冰盖的体积为 2 450 万立方千米,是地球上最大的淡水宝库。

白白的冰雪

多亏了冰雪的"打扮",南极的"脸蛋儿"白又白。走近南极瞧一瞧,冰雪的名字一样吗?

冰盖

南极的大陆上盖着一块又厚又大的冰雪,它就是南极响当当的"冰雪老大"——冰盖。

拜访南极

冰盖的最厚处达4 200米，有1 400多层楼房那么高。

图说 壮美极地

冰架

在冰盖边上，有些巨大的冰体伸入海中。这些冰体又是什么呢？告诉你吧，它们是南极冰雪中个头排行第二的冰架。

冰架的平均厚度为475米。

冰架的总面积为140万平方千米。

拜访南极

冰架的表面很平坦,能建机场。

"轰隆"一声,冰架断裂啦!这是它"百玩不厌"的"减肥游戏"。当心,冰架断裂太快可不是好事,不幸的拉森冰架因此消失了大半。

冰山

下面点到谁的名字了?原来是大名鼎鼎的冰山。冰架断裂落到海里,一些巨大的冰块就成了冰山。

"成群结队"的冰山

拜访南极

外型奇特的冰山

随水漂移的冰山

冬季海冰多，面积达2 000万平方千米。

海冰

不知不觉中，气温突降，海面冷极了，海冰就在南极洲周围的南大洋中悄悄"集结"起来。没多久，南大洋就成了海冰的"天下"。

夏季海冰少，四处"漂泊"。

拜访南极

海冰中间没被冻住的地方叫作冰间湖。以前,一艘俄罗斯船不小心进入冰间湖,结果被冻在里面100多天,寸步难行。

海冰下面是冰藻的"家",冰藻吸引了磷虾,磷虾又引来了企鹅……海豹干脆在海冰上面"生儿育女"。

不"绿"的"绿洲"

在沙漠中,有清清的水、绿绿的草,这样的地方叫绿洲。可是,南极的"绿洲"一点儿也不绿!这是怎么回事?

空气干燥的峡谷

地形奇怪的峡谷

干巴巴的峡谷

没有盖着冰雪的峡谷,看上去干巴巴、光秃秃的,好像一张张渴极了的大嘴巴。

热腾腾的火山

在冷冷的南极冰雪中，分布着火山。其中最著名的两座活火山分别是埃里伯斯火山和欺骗岛火山。

南极最大的活火山
——埃里伯斯火山

埃里伯斯火山高3 790多米，有一个活动的喷火口，里面熔岩翻滚，热气不断冒出来。

图说 壮美极地

有"个性"的湖泊

南极的湖泊像珍珠一样美丽,有的湖泊在气温-70℃时也不会结冰,有的湖泊表面结着冰,湖底温度却高达25℃,果然"个性十足"。

拜访南极

"高个子"山峰

山峰也是南极"绿洲"重要的成员,它们在寒冷的南极挺立着,像一个个冻不倒的巨人!

在无边无际的白色冰雪中看到峡谷、火山、湖泊和山峰,你是不是会感到一些亲切和温暖呢?科学家也是这样想的,他们把这些没被冰雪盖住的地方叫作"绿洲"。

南极的"主人"

南极又冷又险,谁愿意在这里生活啊。可是有一群不怕冷的动物,它们是南极真正的"主人"。

拜访南极

南极"绅士"——帝企鹅

说到企鹅,你肯定认识,这个看上去有几分笨拙、走起路来摇摇摆摆的家伙十分惹人喜爱。生活在南极的企鹅中,最高、最大的当属帝企鹅了。

"绅士"的长相

图说 壮美极地

能潜入450多米深的水中,闭气45分钟,人送外号"有羽毛的鱼"。

经常发呆,好像在企盼什么。

企鹅妈妈一次只生一个蛋,而企鹅爸爸不吃不喝站立60多天把小企鹅孵出来。

迈着小步走,真是"彬彬有礼"。

"绅士"的故事

爸爸、妈妈出门时，企鹅宝宝就被送进有企鹅"阿姨"照顾的"幼儿园"。小企鹅在这里玩耍、游戏，度过了许多快乐的时光。

在电影《快乐的大脚》中，芒博是一只会跳舞的帝企鹅，它勇敢、善良，和小伙伴们一起挽救了整个家族的命运。

图说 壮美极地

优雅的"国王"——王企鹅

南极分布最广、数量最多的"绅士"——阿德利企鹅

企鹅的家族

雄赳赳的"警察"——帽带企鹅

神气的白眉"绅士"——金图企鹅

拜访南极

南极"海盗"——豹海豹

什么？南极也有"海盗"！这是真的吗？你的眼前是不是浮现出一个长着大胡子，瞎了一只眼睛，说不定还断了一条腿的家伙？我们要认识的南极"海盗"就是它 —— 豹海豹。

看似温顺的豹海豹

豹海豹看上去温顺极了，怎么会是"海盗"呢？别着急，它马上就"现出原形"了。

图说 壮美极地

原来是凶残的"海盗"

豹海豹有许多伤人记录。南极科考人员就曾受到过它的袭击。

豹海豹很会突然袭击,让企鹅防不胜防。

拜访南极

还有其他海豹吗？

威德尔海豹

罗斯海豹

象海豹

锯齿海豹

南极海豹知多少

南极有5种海豹，数量惊人，有约3 200万头呢！海豹家族在南极是仅次于企鹅的第二大家族。

南极"飞贼"——贼鸥

"海盗"刚刚走开,"飞贼"就来了!这"飞贼"还有一个与自己很般配的名字——贼鸥。

我"贼头贼脑"吗?

拜访南极

袭击科考人员

偷企鹅的蛋

同伴之间经常打斗

自己的家破破的，还爱去抢占别人的巢穴。

南极"粮食"——磷虾

下面出场的这个小家伙有点"无辜",它长得很精致、可爱,是南极动物们的宝贵粮食。

放大了看

拜访南极

奇妙的小磷虾

热爱集体

磷虾喜欢成群结队,队伍中的每只磷虾头都朝着同一个方向。一艘轮船驶过,冲散了虾群。不一会儿,它们又聚在一起,队形不变哦!

先下后上

磷虾的发育生长很奇妙。磷虾在海中排出一粒粒卵。卵开始下沉,沉啊沉。从卵里孵化出来的幼体,开始向上爬,爬啊爬,爬到海面。磷虾一天天长大啦!

图说 壮美极地

宝贵的粮食

磷虾是个宝，体内富含蛋白，还有钙、磷、钾、钠等多种元素。南极的磷虾量约几十亿吨，简直就是个大宝库啊！

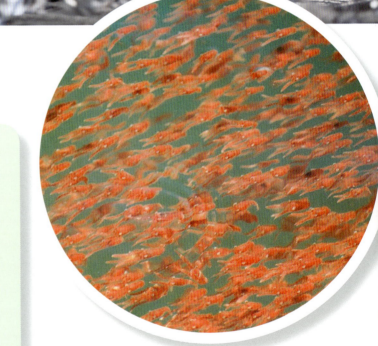

改变命运

南极有个食物链，简单来说，海豹吃企鹅，贼鸥吃小企鹅，而瘦小的磷虾被所有比它们大的食肉动物吃。有两只磷虾想要改变命运，幻想去捕猎海豹和企鹅。它们是谁？它们就是电影《快乐的大脚 2》中的威尔和比尔。

拜访南极

看，南极科考！

好大的科考船

想要从海上去南极考察，那就需要一艘像样的科考船，一艘像中国的"雪龙"号或"雪龙2"号那么神气威武、那么坚固，而且不怕危险的科考船！

了不起的"雪龙"号

"雪龙"号非常大，上面有实验室、图书馆、健身房等。"雪龙"号不怕冷、不怕冻，还能冲破茫茫的海冰。它已经进行了多次南、北极科考，带回了许多珍贵的南、北极资料。

图说 壮美极地

"雪国"里的考察站

光有科考船还不行，想要在南极进行长期考察，还需要建造固定的大房子。大房子要能保暖抗寒，抵挡可怕的暴风雪。这些大房子就是科学考察站（简称"科考站"）。

形形色色的科考站

中山站：1989年建，中国第二个南极科考站。

长城站：1985年建，中国第一个南极科考站。

拜访南极

英国科学考察站

比利时科学考察站

美国阿蒙森-斯科特考察站

南非科学考察站

德国科学考察站

昆仑站：2009年建，中国第一个南极内陆科考站。

南极科考做什么

科考人员要对南极洲的气象、水文、地质、地貌等进行综合考察。

拜访南极

科考人员在干什么？原来是在找陨石。南极是地球上陨石最多的地方。我国科考队在南极已经找到了1万多颗陨石。

图说 壮美极地

走，到南极旅游去！

好消息，南极旅游专线开通啦！你没有看错，只要你有足够的钱支付旅费，当然你还得不怕冷，那就可以去南极旅游了！

体验南极滑雪

走近南极动物

做客北极

　　北极有什么？它有冰雪做"面纱"，它有海洋当"摇篮"，它还有五彩缤纷的生物当"画家"。寒冷的北极真热闹，快瞧，"心急"的北极熊出场了。现在，就让我们去北极做客吧！

图说 壮美极地

北极的容貌

白色的海洋

冰雪遮住了北冰洋的面孔,这个原本蓝色的海洋"摇身一变",就成了白色的海洋啦!

北冰洋上结着厚厚的海冰,尤其是冬天,3米厚的海冰到处都是,有的海冰厚达6米,更不用说那些坚固笨重的大冰山了。

北极海冰承受力大:可以在上面开大货车、停飞机。

北极海冰"脸盘"大:"霸占"北冰洋。

做客北极

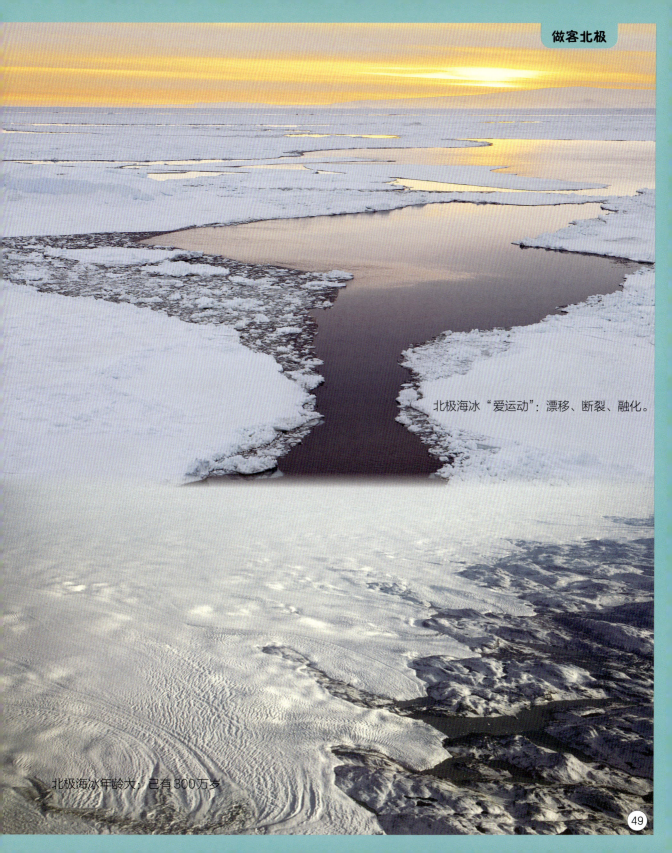

北极海冰"爱运动":漂移、断裂、融化。

北极海冰年龄大:已有300万岁

图说 壮美极地

银色的岛屿

北极岛屿众多，其中最大的是格陵兰岛，洁白的冰雪为它"穿"上了银色的"袍子"，让它看起来银光闪闪！

格陵兰岛——世界第一大岛，是北极动物和植物的"乐园"。

做客北极

厚厚冰层

幢幢房屋

脱去"白袍"的岛屿

图说 壮美极地

彩色的苔原

如果你已经厌倦了单调的白色,那就给你点"颜色"看看吧。在北冰洋周围的岛屿和陆地上,有一块块美丽的彩色地带——北极苔原带。

总面积约为1300万平方千米的北极苔原带

做客北极

矮小的苔藓和上百种开花植物，为北极"穿上"好看的彩衣。

北极的"居民"

生活在北极的动物多又多,让人有点眼花缭乱。这些动物是北极的长久"居民",它们很久以前就定居北极,为这片冰天雪地带来了许许多多的故事。

北极"霸主"——北极熊

北极王国里谁最厉害?那还用问,肯定是北极熊了。这个毛绒绒的大家伙有时在冰面上行走,有时在海水中游泳,一举一动都很威风。

威风的"霸主"

高大威猛,力大无穷!我是世界上最大的陆地食肉动物,也是北极的"霸主"。

图说 壮美极地

称霸北极的"法宝"

性格凶猛

捕猎高手

游泳健将

行动敏捷

做客北极

"霸主"的家事

北极熊喜欢独居，小北极熊跟着妈妈长到两三岁就要独立生活了。从母子相依的瞬间，我们才能看到北极"霸主"的一点温柔。

奇特的冬眠

冬天来临，北极熊要美美地睡上一觉了。但是只要身边稍有动静它就会警醒。这种奇特的冬眠叫作"局部冬眠"，大概就是半睡半醒吧。

图说 壮美极地

"霸主"也需被保护

为什么冰雪融化得这么快？谁破坏了我的家园？谁来帮帮我？

说我的皮毛珍贵，就大量捕杀我，这是不公平的！

我们北极熊还能存在多久？

北极"飞侠"——燕鸥

哪种动物既能在北极生活,又能在南极生活呢?它就是最让人敬佩的海鸟——燕鸥。

俊俏的燕鸥

我不过是一只瘦小如燕的小鸟,为什么会让人敬佩呢?

了不起的"飞侠"

北极的冬天来啦。燕鸥展开翅膀向南极飞去。享受完南极的夏天,燕鸥便飞回北极生宝宝了。燕鸥每年要往返两极一次,飞行4万多千米,是一位了不起的"飞侠"!

燕鸥也不是好惹的,如果谁要打它的主意,那可要当心啦。北极熊有时候也不是它的对手呢!

北极"勇士"——旅鼠

这个不起眼的小老鼠,是北极的一大亮点!别看人家个头小,身上的谜可真不少。

小巧的"毛线团"

一生气就变色!危急时刻,旅鼠易怒,毛会变成橘红色。

不要命的"勇士"

旅鼠跳海之谜

有这样一个传说：数百万只旅鼠不吃不睡，翻山越岭，来到大海边。它们一点儿也不害怕，"扑通、扑通"就往海里跳，直到全部葬身大海。

北极"精灵"——北极狐

狐狸给人的印象总是狡猾又奸诈。下面这只狐狸怎么样呢?

有灵气的"精灵"

我既然有着"精灵"的美名,本领可想而知。

图说 壮美极地

"精灵"本领多

会捕食：北极狐发现猎物时，先扑后按，将猎物制服；也会挖开猎物的洞穴。

脚力好：北极狐能一天走 90 千米，一走就是好几天，冬天时，它搬家到 600 千米外，夏天来临时再回来。

能导航：北极狐能够自己导航，因此，从来不会迷失方向。

北极"车夫"——驯鹿

还记得圣诞老人的"车夫"吗?那些长着美丽大角的驯鹿,看上去高大又健壮,让人忍不住想骑着它在北极自由奔跑。

温驯的"车夫"

图说 壮美极地

春天一到,驯鹿们就集体迁徙到更北的地方去。

"车夫"远行

在远行途中,驯鹿会脱下厚厚的"冬衣",长出薄薄的"夏装"。

大白牙用处多：挖掘食物的"铲子"，保护自己的"武器"，帮助走路的"拐杖"。

北极"牙仙"——海象

大海象来得有点晚，不过它一点儿也不着急，在冰面上慢慢挪动着进入了我们的镜头。

"牙仙"露一手

我会潜水：我能在水下500米游上20分钟，也可以深入水下1 500米，比人类的潜艇还厉害。

分工与合作：别以为我们都睡着了，瞧，还有一个醒着的哨兵呢！有敌人时，它会立刻叫醒我们，大家共同作战。

值得尊敬的因纽特人

天寒地冻的北极，居住着这样一群人：他们不怕冷、不怕冻，冰雪做房屋，海洋为农田。他们就是因纽特人。

穿什么样的衣服？

为了保暖，驯鹿皮、北极熊皮、北极狐皮、海豹皮等，都被因纽特人拿来缝制衣服了。这样一层又一层地穿上，他们就不怕冻了。

图说 壮美极地

住什么样的房子？

北极没有砖、没有瓦，怎样才能盖一间暖和的屋子呢？这难不倒因纽特人，他们用冰雪当材料，建起了一座座馒头形的雪屋子，里面十分暖和。

想要出门怎么办？

在海面上，皮划艇是最方便的交通工具！皮划艇用海豹皮或海象皮包住，轻快又防水。

在冰面上，狗拉雪橇是因纽特人的"专车"。

图说 壮美极地

吃什么活下来？

为了生活下去，鱼、海豹、海象、鲸、北极熊、驯鹿……统统都是因纽特人的食物。

因纽特人的捕猎工具很简陋，但他们靠着勇敢和顽强的精神，在北极世世代代生存下来。

做客北极

北极科考知多少

挪威小镇新奥尔松建有邮局、酒吧,最重要的是建有很多个不同国家的科学考察站。因此,这里被称为"北极科学城"。

科考基地连成片

这个有石狮子看门的红房子就是中国第一个北极科考站——黄河站,建于2004年。黄河站为中国的北极科考立下了汗马功劳。

图说 壮美极地

科考设备真奇怪

探空气球

这是探空气球，放飞之后，它就可以观测北极上空的温度、湿度、风速、风向了。中国第九次北极考察放飞了389个探飞气球。

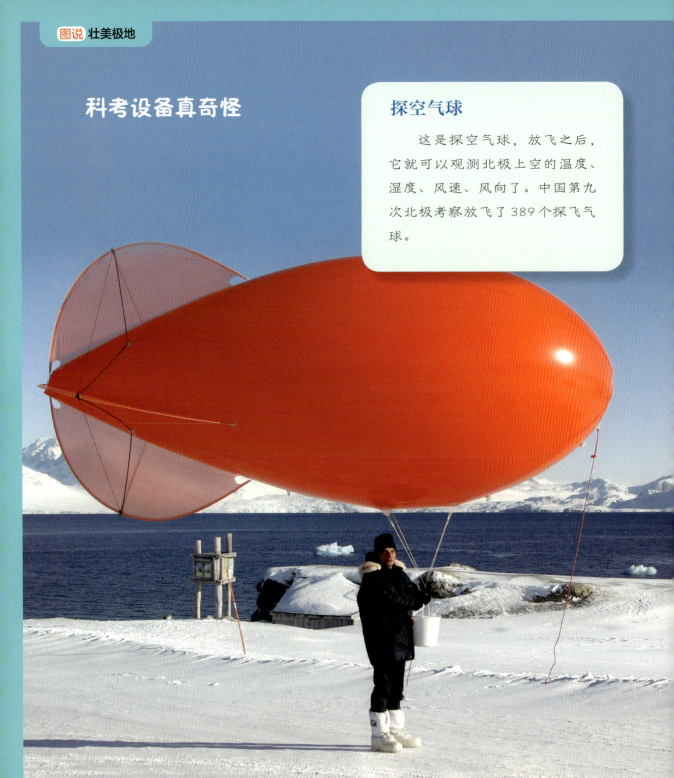

科学家真忙活

测量一下海水温度

科考队员们一天的工作开始了。

图说 壮美极地

想到北极看一看

到北极看什么？看冰雪、看动物？这未免太单调了。北极还有你不得不看的热闹景色呢！

看一看亲切的圣诞老人

热闹的北极

童话村落——圣诞老人村

芬兰圣诞老人村

做客北极

买一堆带有童话色彩的礼物。

驯鹿拉的雪橇一定要坐一坐。

最重要的是给朋友们写封信炫耀一下，再盖上圣诞老人邮局的邮戳，多么神气。

图说 壮美极地

闪亮的城市

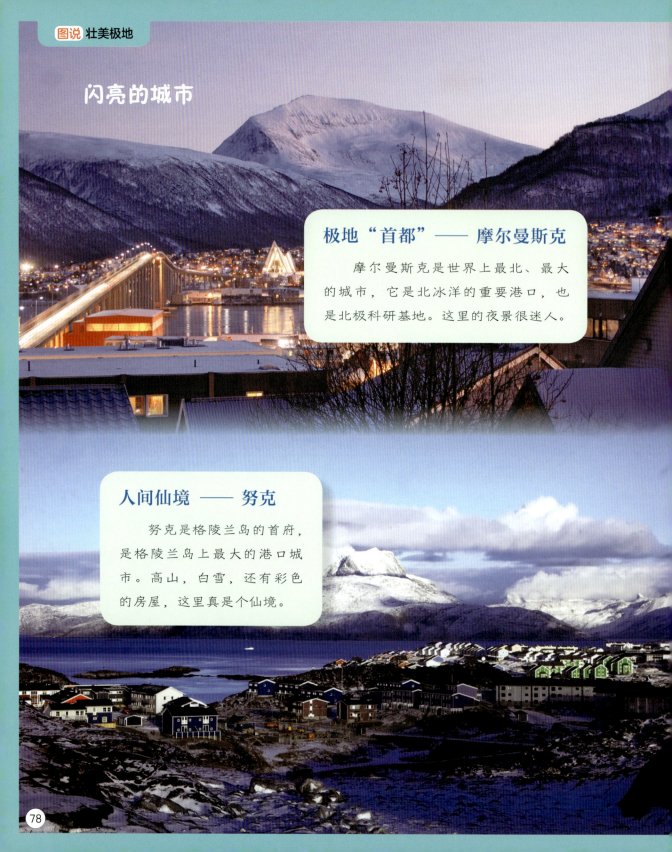

极地"首都"——摩尔曼斯克

摩尔曼斯克是世界上最北、最大的城市,它是北冰洋的重要港口,也是北极科研基地。这里的夜景很迷人。

人间仙境——努克

努克是格陵兰岛的首府,是格陵兰岛上最大的港口城市。高山,白雪,还有彩色的房屋,这里真是个仙境。

做客北极

补充一点：在北极观看极光比南极方便多了，坐在温暖的屋子里，一边烤着火，一边欣赏极光，实在太妙了。

零散的小风景

世界最北的大学是斯瓦尔巴德大学。它就在挪威朗伊尔城，新生开学第一课便是野外生存训练。没有办法，因为它拥有世界上最大的实验室——北极！想要做实验的话，就得先学会生存的本领。

图说 壮美极地

不容错过的狗拉雪橇大赛

挪威等国家每年都会举行狗拉雪橇大赛。发令枪一响,狗狗们争先恐后,在雪地上奔驰,为北极呈现一个热火朝天的比赛场景。